Inhalt

Gewichte

Autor: Ernst-A. Adamaszek

Das Kapitel **Textaufgaben** beginnt auf Seite 19.

1 Gewichte schätzen

1 Schätze das Gewicht der einzelnen Gegenstände.

2 Gib eine Reihenfolge an. Beginne mit dem leichtesten Gegenstand, und schreibe die Nummern der Bilder unten in die kleinen Kästchen.

(1)

(2)

(3)

(4)

(5)

(6)

(7)
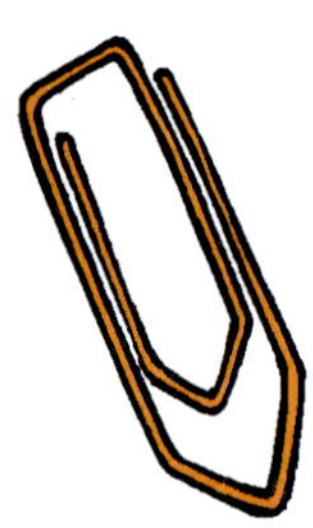

(8)
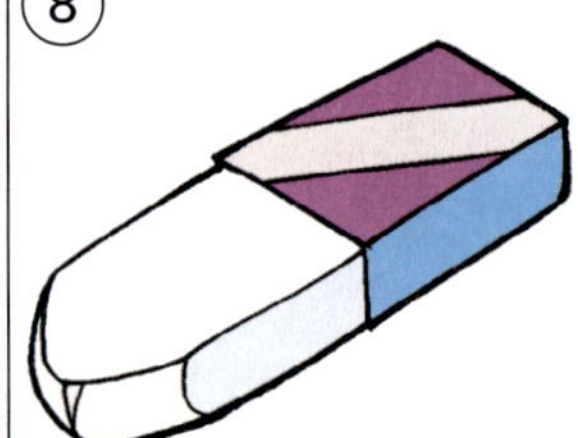

(9)

(10)

(11)
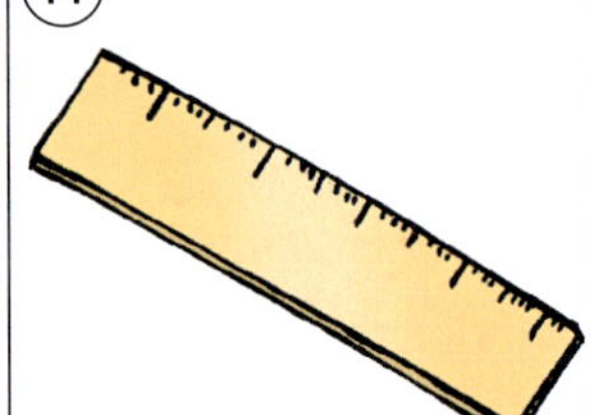

(12)

3 Vergleiche deine Schätzungen mit einem Partner. Besprecht eure Ergebnisse.

4 Ordne nach dem Gewicht.
Beginne mit dem leichtesten Gegenstand.

Stuhl ◯	Radiergummi ◯	Blatt Papier ◯
Schultasche ◯	Teddy ◯	Fahrrad ◯
Tisch ◯	Mathebuch ◯	Schulheft ◯
Müllauto ◯	Briefmarke ◯	

5 Überlege dir eigene Gegenstände, und trage sie ein.
Finde einen Partner, der die Aufgabe löst.

________ ◯	________ ◯
________ ◯	________ ◯
________ ◯	________ ◯
________ ◯	________ ◯
________ ◯	________ ◯

2 Schwerer oder leichter?

1 Verbinde jeweils zwei nebeneinander liegende Bilder so, dass damit gezeigt wird: … ist schwerer als … →

2 Zeichne Bilder in die Rahmen. Verbinde sie mit Pfeilen so, dass damit gezeigt wird: … ist schwerer als … →

3 Zeichne Bilder in die Rahmen. Verbinde sie mit Pfeilen so, dass damit gezeigt wird: … ist leichter als … →

4 Welche Aussage ist richtig? Kreuze an.
Erfinde eigene Beispiele.
Überprüfe anschließend mit der Kleiderbügelwaage alle Lösungen.

Du kannst selbst eine **Kleiderbügelwaage** herstellen. Du brauchst dafür einen Kleiderbügel und zwei kleine Behälter mit Henkel. Das können auch zwei Plastiktüten sein.

- Der Ordner ist leichter als die Schere. ☐
- Der Stift ist leichter als das Buch. ☐
- Der Radiergummi ist leichter als das Mäppchen. ☐
- Der Schulranzen ist schwerer als der Schwamm. ☐
- Die Kreide ist leichter als der Füller. ☐
- Der Steckwürfel ist schwerer als das Lesebuch. ☐
- Der Klebestift ist so schwer wie die Büroklammer. ☐
- Die Wäscheklammer ist schwerer als die Briefmarke. ☐
- Der Locher ist schwerer als das Schreibheft. ☐

____

____

5 Vergleiche die Körbe miteinander, und trage deine Ergebnisse unten ein.

1 ist leichter als 2 | 2 ist __________ als 3

2 ist schwerer als 1 | 3 ist __________ als 2

3 ist __________ 4 | 4 ist __________ 3

Am leichtesten ist ____.

6 Schreibe deine Überlegungen auf. Jedes Kind darf einmal mit dem kleinen Boot fahren.

Paula **Otto** **Alice** **Lars**

__________ ist das schwerste Kind,

__________ ist das leichteste Kind.

Je tiefer das Boot ins Wasser eintaucht,

desto __________ ist das Kind.

7 Vergleiche alle Kinder miteinander.

Paula ist __________ als Otto.	Alice ist __________ als Paula.
Paula ist __________ als Alice.	Alice ist __________
Paula ist __________ als Lars.	Alice ist __________
Otto ist __________ als Paula.	Lars ist __________
Otto ist __________ als Alice.	Lars ist __________
Otto ist __________ als Lars.	Lars ist __________

8 Trage die Namen der Kinder in das Pfeilbild ein. Zeichne die fehlenden Pfeile.

… ist leichter als … → … ist schwerer als … →

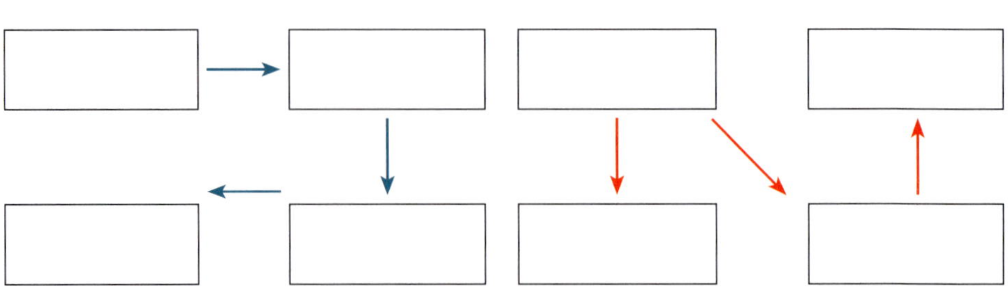

9 Vervollständige die folgenden Sätze.

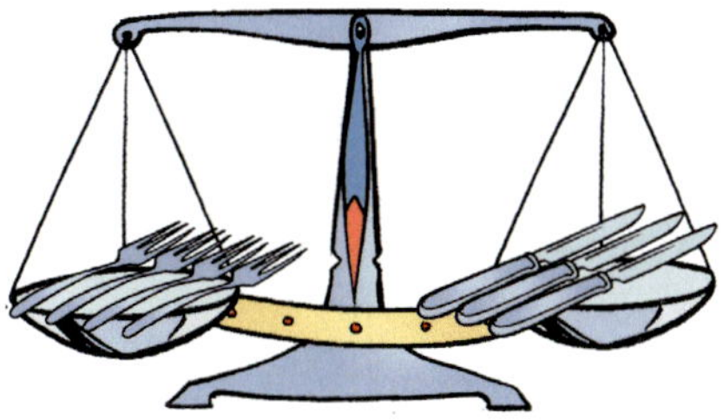

4 Gabeln sind gleich schwer wie 3 Messer.

8 Gabeln sind gleich schwer wie ______ Messer.

16 Gabeln sind gleich schwer wie ______ Messer.

24 Gabeln sind gleich schwer wie ______ Messer.

_______ Gabeln sind gleich schwer wie 9 Messer.

_______ Gabeln sind gleich schwer wie 15 Messer.

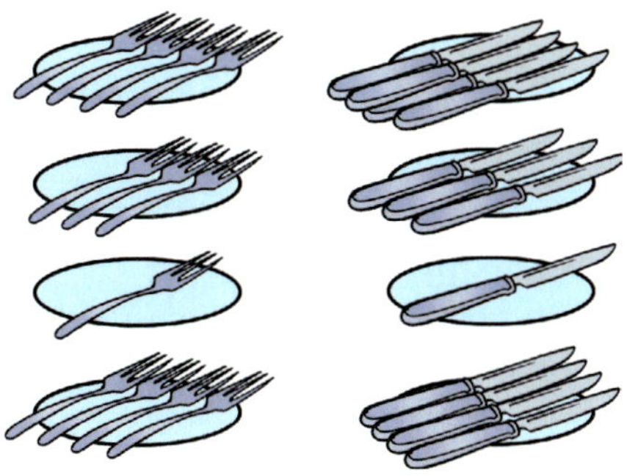

4 Gabeln sind _________________ als 4 Messer.

3 Gabeln sind _________________ als 3 Messer.

1 Gabel ist _________________ als 1 Messer.

5 Gabeln sind _________________ als 5 Messer.

10 Schreibe unter die Bilder, was du entdeckt hast. Was geschieht, wenn sich Lukas und Judith auf eine Wippe setzen?

Lukas ist _____________ als Gregor.

Gregor ist _____________ als Lukas.

Lukas ____________________ Judith.

Judith ____________________ Lukas.

Gregor ist ____________________ als Judith.

Judith ist ____________________ als Gregor.

11 Beantworte die folgenden Fragen zu Aufgabe 10:

Welches Kind ist am schwersten? ________________

Welches Kind ist am leichtesten? ________________

Tipp:

Du kannst Büroklammern, Steckwürfel, Schrauben, Wäscheklammern und Spielfiguren zum Wiegen benutzen.

1 Schätze das Gewicht von Gegenständen (Klebestift, Radiergummi, …) mithilfe der zugelosten Gewichtssteine. Trage dein geschätztes Ergebnis in der 1. Spalte der Tabelle ein.

	Steckwürfel		
	geschätzt	gewogen	Rangfolge
Klebestift			
Radiergummi			
Anspitzer			
Bleistift			
Lineal			
Schere			

	Spielfiguren		
	geschätzt	gewogen	Rangfolge
Klebestift			
Radiergummi			
Anspitzer			
Bleistift			
Lineal			
Schere			

	Schrauben		
	geschätzt	gewogen	Rangfolge
Klebestift			
Radiergummi			
Anspitzer			
Bleistift			
Lineal			
Schere			

	Büroklammern		
	geschätzt	gewogen	Rangfolge
Klebestift			
Radiergummi			
Anspitzer			
Bleistift			
Lineal			
Schere			

	Wäscheklammern		
	geschätzt	gewogen	Rangfolge
Klebestift			
Radiergummi			
Anspitzer			
Bleistift			
Lineal			
Schere			

2 Bestimmt in der Gruppe die Anzahl durch Abwiegen, und notiert das Ergebnis in den Tabellen (2. Spalte). Ihr braucht dazu eine Kleiderbügelwaage.

3 Legt eine Rangfolge fest. Welcher Gegenstand ist der schwerste?

4 Übertrage die Ergebnisse der anderen Gruppen in diese Tabelle.

5 Suche weitere Gegenstände zum Wiegen.

	Steckwürfel	Spielfiguren	Schrauben	Büro-klammern	Wäsche-klammern
Klebestift					
Radiergummi					
Anspitzer					
Bleistift					
Lineal					
Schere					

6 Trage ein. Was fällt dir auf? Gib eine Erklärung ab.

1 Klebestift ist so schwer wie _____ Steckwürfel.
1 Klebestift ist so schwer wie _____ Spielfiguren.
1 Klebestift ist so schwer wie _____ Schrauben.
1 Klebestift ist so schwer wie _____ Büroklammern.
1 Klebestift ist so schwer wie _____ Wäscheklammern.

1 Radiergummi ist so schwer wie _____ Steckwürfel.
1 Radiergummi ist so schwer wie _____ Spielfiguren.
1 Radiergummi ist so schwer wie _____ Schrauben.
1 Radiergummi ist so schwer wie _____ Büroklammern.
1 Radiergummi ist so schwer wie _____ Wäscheklammern.

7 Schreibe weitere Sätze in dein Heft.

8 Überprüfe: Was passiert, wenn du 2 Klebestifte mit Steckwürfeln wiegst?
Notiere. ______________________________

Die Waage zeigt an:

1 Bonbon ist gleich schwer wie 5 Schrauben.

? gleich schwer wie ?	
Bonbons	Schrauben
2	
	45
	60

? gleich schwer wie ?	
Bonbons	Schrauben
5	
10	
	90
	120

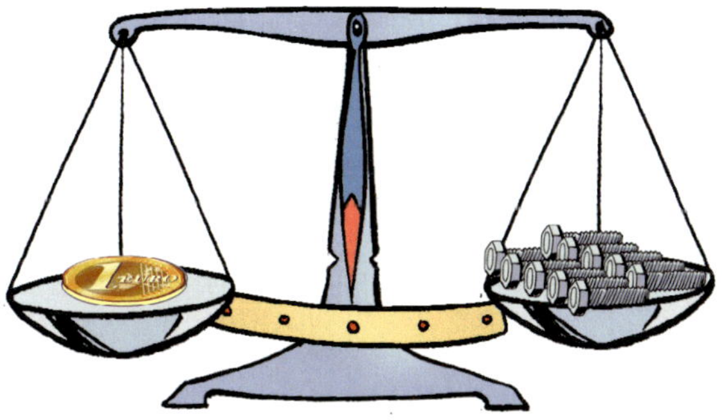

1 Euro ist gleich schwer wie 10 Schrauben.

? gleich schwer wie ?	
Euro	Schrauben
2	
4	
	90
	150

? gleich schwer wie ?	
Euro	Schrauben
5	
10	
	120
	180

? gleich schwer wie ?		
Bonbons	Euro	Schrauben
2	0	
2	2	
		60

4 Verschiedene Waagen

1 Verbinde die Namensschilder mit den Bildern.

Briefwaage

Haushaltswaage

Balkenwaage

Gemüsewaage

Personenwaage

Tipp:

Bei verschiedenen Anlässen verwenden wir verschiedene Waagen.

Manche Sachen kann man mit verschiedenen Waagen wiegen.

2 Suche Gegenstände in deinem Klassenzimmer, die sich mit den verschiedenen Waagen wiegen lassen.

3 Schreibe die Namen der Gegenstände in die Tabelle. Kreuze an, womit du sie wiegen könntest.

Gegenstand	Briefwaage	Personen-waage	Haushalts-waage	Balken-waage	Gemüse-waage

4 Auf welchen Waagen könnten diese Gegenstände und Personen gewogen werden? Ergänze die Tabelle.

Gegenstand/Person	Welche Waage?
Sack Kartoffeln	
Kind	
Postkarte	
Bananen	
Büroklammer	
Erwachsener	
Schultasche	

5 Suche Bilder und Fotos von verschiedenen Waagen, und klebe sie hier ein.

Achtung!
Das ist etwas für Forscher.

6 Wie schwer ist ein ausgewachsener Elefant? Mit welcher Waage kann er gewogen werden?

5 Gramm (g) und Kilogramm (kg)

1 Was passt hier zusammen? Verbinde.

100 g	10 g	250 g	200 g	1 g	1 kg

2 Schreibe passende Gegenstände zu den Gewichten auf.

Beachte:

100g = 0,1 kg
1000g = 1 kg

3 Gramm (g) oder Kilogramm (kg)?

10___ 1___ 25___ 20___ 100___ 1___

4 Was passt zusammen? Verbinde.

750 g 350 g 5 g 250 g 1 g 15 g

5 Wie schwer ist das?

_____ _____ _____ _____ _____ _____

6 Du gehst einkaufen. Was packst du in deinen Korb? Berechne das Gesamtgewicht.

7 Überlege dir Aufgaben für deinen Partner.

6 Ganz schön schwer

Tipp:

Deine gepackte Schultasche soll höchstens ein Zehntel deines Körpergewichtes haben!

1 Bearbeite die Aufgaben mit einem Partner. Trage deine Ergebnisse ein.

Meine leere Schultasche wiegt: ________ kg

Mein Körpergewicht: ________ kg

So viel darf meine Schultasche wiegen: ________ kg

2 Wiege die einzelnen Gegenstände in deiner Schultasche.

Heft:

________________ kg

Hefte zusammen:

________________ kg

Frühstück:

________________ kg

Lesebuch:

________________ kg

Mathematikbuch:

________________ kg

Federmäppchen:

________________ kg

Klebestift:

________________ kg

Turnbeutel:

________________ kg

Diese Gegenstände darf ich zusammen in meine Schultasche packen:

____

____

____

____

____

Sie wiegen zusammen:

____________________ kg

Das wiegen alle Schultaschen in unserer Klasse zusammen:

____________________ kg

3 Wie viel darf die Schultasche wiegen?
Fülle die Tabelle aus.

Körpergewicht	Gewicht der Schultasche		Körpergewicht	Gewicht der Schultasche	
kg	kg	g	kg	kg	g
20			28		
21	2	100	29		
22			30		
23			31		
24			32		
25			33		
26			34		
27			35		

4 Welche Gegenstände sind immer in deiner Schultasche?
Was wiegen sie? Schreibe und rechne.

350 g

560 g

600 g

je 150 g

200 g

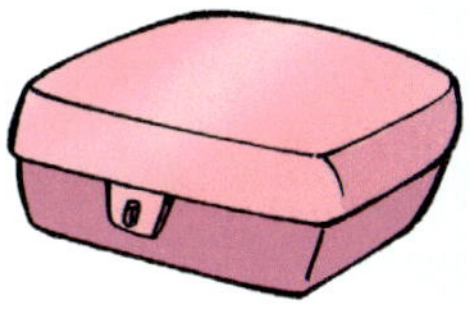
220 g

550 g

✓ oder ϟ
Trage diese Symbole in der Tabelle ein!

5 Vergleiche das Gewicht des Kindes mit dem Gewicht der Schultasche. Berechne den Unterschied, und trage deine Ergebnisse in der Tabelle ein.

Name des Kindes	Gewicht des Kindes	Gewicht der Tasche	So viel darf die Tasche wiegen	Unterschied
Michi	27 kg	4 kg 100 g	2 kg 700 g	1 kg 400 g ϟ

Inhalt

Textaufgaben

Autor: Ernst-A. Adamaszek

1 Berechne die fehlenden Zahlen.

<table>
<tr><th></th><th>1 a</th><th>1 b</th><th>2 a</th><th>2 b</th><th>3 a</th><th>3 b</th><th>4 a</th><th>4 b</th></tr>
<tr><td>Mädchen</td><td>11</td><td>13</td><td></td><td>11</td><td>16</td><td>17</td><td>16</td><td></td></tr>
<tr><td>Jungen</td><td>13</td><td></td><td>15</td><td></td><td>9</td><td>11</td><td>15</td><td>12</td></tr>
<tr><td rowspan="2">Kinder insgesamt</td><td></td><td>25</td><td>30</td><td>27</td><td></td><td></td><td></td><td></td></tr>
<tr><td colspan="2"></td><td colspan="2"></td><td colspan="2"></td><td colspan="2">60</td></tr>
</table>

2 Beantworte die Fragen mit Hilfe der Tabelle:

Wie viele Kinder lernen in der Klasse 1 a?

____

In welche Klasse gehen die meisten Mädchen?

____

In welche Klassen gehen mehr Jungen als Mädchen?

____

3 Finde weitere Fragen für einen Partner.

Das ist Maike. Sie ist 8 Jahre alt, und geht in die Emil-Nolde-Grundschule. Sie geht in die Klasse 3c.

Emil-Nolde-Grundschule		
	Mädchen	Jungen
1a	11	8
1b	12	11
1c	9	11
2a	10	11
2b	11	11
2c	11	12
3a	13	9
3b	11	12
3c	12	12
4a	10	12
4b	13	11
4c	13	13

Wie viele Jungen sind in Maikes Klasse?

Wie viele Mädchen sind in Maikes Klasse?

Sind in der Klasse 3a mehr Mädchen als in Maikes Klasse?

In welchen Klassen sind weniger Mädchen als in Maikes Klasse?

In welcher Klasse sind die wenigsten Jungen?

Wie viele Jungen sind im zweiten und dritten Schuljahr zusammen?

Überlege dir weitere Fragen für deinen Partner.

4 Schreibe Fragen für einen Partner auf.

5 Wie ist es an deiner Schule? Schreibe die Zahlen für alle Klassen in dein Heft, und lege eine Tabelle an.

6 Finde zu jeder Rechengeschichte die passende Frage, und verbinde sie mit einer Linie.

7 Löse die Aufgaben. Ein Partner überprüft anschließend.

Tina hat 95 Kastanien gesammelt.
Sie teilt sie mit ihren 4 Freundinnen gleichmäßig auf.

Die Woche hat sieben Tage. Adrians Großvater war genau 9 Wochen und zwei Tage im Krankenhaus.

Heute ist der erste Schultag. 59 Kinder werden eingeschult.
26 Kinder davon sind Mädchen.

Im Stadttheater gibt es 690 Plätze.
Bei der letzten Aufführung waren 512 Plätze besetzt.

8 Finde zu jeder Rechengeschichte die passende Frage, und verbinde sie mit einer Linie.

9 Löse die Aufgaben. Ein Partner überprüft anschließend.

Für ein Theaterspiel in der Schule werden am ersten Tag 97 Karten und am zweiten Tag 109 Karten verkauft.

In diesem Jahr werden 82 Mädchen und 97 Jungen eingeschult.

Der Schulbus fährt drei Orte an. Im ersten Ort steigen 23 Kinder ein, im zweiten Ort 36 Kinder, im dritten Ort 25 Kinder.

Im Supermarkt werden an einem Tag 900 blaue Pullis angeboten. Am ersten Abend sind bereits 694 Stück verkauft worden.

10 Überlege dir passende Fragen zu den Rechengeschichten, und schreibe sie auf.

11 Dein Partner verbindet sie mit den passenden Texten.

Die Lehrerin der Klasse 2b ist 31 Jahre alt und hat blonde Haare. Sie hat einen kleinen Hund und unterrichtet jeden Tag 4 Stunden.	Wie viele Kinder der Klasse 3a gehen jeden Tag zu Fuß zur Schule?
In der Klasse 3b sind 21 Kinder. Diese Woche haben 8 Kinder ihre Hausaufgaben vergessen.	
Die Klasse 3a hat insgesamt 24 Kinder. 5 Jungen und genau so viele Mädchen fahren jeden Tag mit dem Bus zur Schule.	
In der Klasse 2a haben 6 Kinder einen Hund, doppelt so viele haben Goldhamster oder Meerschweinchen. Nur 5 Kinder haben kein Haustier.	Wie viele Kinder haben diese Woche ihre Hausaufgaben gemacht?
Der Hausmeister der Emil-Nolde-Grundschule verkauft an fünf Tagen in der Woche an 36 Kinder Milchgetränke.	
Zehn Jungen aus der Klasse 4b gehen regelmäßig in den Verein und spielen Fußball. Halb so viele Mädchen machen Kunstturnen.	Wie viele Kinder besuchen die Klasse 2a?
Die Klasse 4a ist sehr musikalisch. 7 Jungen und doppelt so viele Mädchen spielen ein Instrument.	

12 Löse die einzelnen Aufgaben, und schreibe sie in dein Heft.

Schreibe die Antworten in Stichworten auf.

13 Weitere Rechengeschichten: Bevor du sie ausrechnest, schreibst du zuerst die Fragen dazu auf.

Kai geht viermal in die Lesestube und holt für seine Klasse die Lesebücher. Er muss jedes Mal 6 Bücher tragen, damit jedes Kind aus seiner Klasse ein Buch erhält.

Frage: ______

Antwort: ______

Milena klebt immer 8 Tierbilder auf eine Seite in ihrem Heft. Sie hat schon drei Seiten vollgeklebt.

Frage: ______

Antwort: ______

Jasmin und Till haben kleine Schachteln gefaltet und 21 kleine Geschenke gebastelt. Sie wollen in jede Schachtel drei kleine Geschenke einpacken.

Frage: ______

Antwort: ______

Die Kinder der Klasse 1 b haben jeden Tag in der Woche 4 Stunden Unterricht.

Frage: ______

Antwort: ______

1 Überlege dir passende Rechengeschichten für einen Partner. Schreibe deine Rechengeschichten auf S. 29 auf.

✶

2 Ein Partner schreibt die Lösungen zu deinen Rechenaufgaben in sein Rechenheft.

♥

Der Zooführer hat 7,50 € gekostet.
Hm...eine Kugel Eis kostet 1,30 €!
Meine Schüler-Eintrittskarte hat 5,-€ gekostet.
Für den Streichelzoo habe ich 2,-€ bezahlt.

Wurst
-€ / 150g
Aufschnitt
1,-€ / 100g
Cola
1,-€ / 0,75l
Ich habe 1 Kg Äpfel gekauft.
Kakao
3,-€ / 750g
Hackfleisch
3,-€ / 500g
€ / 250g
Mehl
2,-€ / 1kg
Pizza
Ich habe 2 Packungen Müsli, zu je 750g gekauft.
Reis
4,-€ / 1 kg
,-€ / 3kg
T-Shirt
7,-€

Das ist meine
Schubkarre
mit 85 Äpfeln.

3 Trage die erarbeiteten Rechengeschichten hier ein.

Ein Partner rechnet deine Rechengeschichte in seinem Rechenheft aus und bespricht sie mit dir. Das ist eine **Rechenkonferenz**.

Eigene Rechengeschichten

4 Male immer drei zusammengehörende Kärtchen mit der gleichen Farbe ein. Schreibe eine passende Rechengeschichte dazu.

12 Flaschen	Preis der Bücher: 21,35 €	8 Stück je Beutel
4 Kaninchen	Gesamtanzahl:	Mit 30 € bezahlt
9 Beutel	12 Ställe	Anzahl aller Flaschen:
Anzahl aller Kaninchen:	Restgeld:	9 Kisten

5 Ein Partner überprüft deine Rechengeschichte und rechnet sie nach.

Rechenkonferenz!

1 Hier findest du lustige und spannende Rechengeschichten zum Vorspielen und Rechnen. Wähle eine Geschichte aus.

2 Sammle auf einem Extrablatt Stichwörter zu deiner Rechengeschichte.

Beim Schulfest wurde ein Staffellauf durchgeführt. Die Kinder, die mitmachen wollten, wurden in 3 Gruppen zu je 14 Kindern eingeteilt. Jedes Kind sollte einen Tischtennisball auf einem Löffel balancieren. Die erste Gruppe brachte 9 Bälle und die zweite und dritte Gruppe brachte jeweils 7 Bälle ins Ziel. Wie vielen Kindern ist der Ball vom Löffel gefallen?

Lukas, Jan und Stefan spielen Mumien. Sie verbrauchen dafür 4 Rollen Klopapier. Lukas verbraucht 40 m. Jan braucht für sich 12 m mehr als Lukas. Stefan ist am sparsamsten. Er verbraucht nur 20 m. Wie viele Meter Klopapier enthält jede der vier gleich großen Rollen?

Als der Busfahrer Alfons Brummi von der Haltestelle „Rathaus“ abfährt, sind 19 Fahrgäste eingestiegen: 10 Erwachsene und 9 Kinder. Die Erwachsenen bezahlen für den Fahrschein 2,10 €. Von den Kindern haben vier eine Monatsfahrkarte, die übrigen bezahlen 1,10 €. Wie viel Geld nimmt Alfons Brummi an der Haltestelle „Rathaus“ ein?

Die schöne Müllerstochter muss Rumpelstilzchen ihr Kind geben, falls sie den Namen des fürchterlichen Wichts nicht errät. Am ersten Tag fallen ihr nur 37 Namen ein. Danach kauft sie sich ein schlaues Buch, und als Rumpelstilzchen wieder auftaucht, kennt sie immerhin viermal so viele neue Namen wie am Tag zuvor.
Wie viele falsche Namen nennt die Müllerstochter dem bösen Rumpelstilzchen an den beiden Tagen?

Beim Sackhüpfen auf dem Schulhof machen alle mit. Man muss über den Platz und um einen Baum herum hüpfen. Lehrerin Kolb macht 74 Hüpfer zum Baum und 29 zurück. Lehrerin Lang braucht 68 Hüpfer zum Baum und ist mit 35 Hüpfern im Ziel.

Achtung!

Eine Skizze ist eine sehr einfache Zeichnung. Verwende für deine Skizzen Zeichen wie Striche, Punkte und Kringel.

1 Lies dir deine Aufgabe durch. Male eine passende Skizze dazu in das rechte Kästchen.

2 Sprich mit einem Partner über deine Zeichnung.

3 Löse deine Aufgaben im Heft.

Lukas und Timo sollen für ihre Fahrräder Zubehörteile bekommen. Ein Fahrradhelm kostet 42 €, ein Regenumhang 11 €, Speichenreflektoren 5 € und eine Trinkflasche 10 €. Timo sucht sich noch eine Werkzeugtasche für 13 € aus, weil er Geburtstag hatte.
An der Kasse zahlen ihre Eltern mit einem 200 €-Schein.

Herr Becker ist Handelsvertreter. Am Montag fuhr er mit seinem Auto 215 km, am Dienstag fuhr er 364 km, am Mittwoch 317 km, am Donnerstag 189 km.
Am Freitag musste der Wagen in die Werkstatt.
Der Weg dorthin ist 15 km lang.
Wie viele km fuhr Herr Becker in dieser Woche?

In der Walpurgisnacht treffen sich die Hexen auf dem Blocksberg. 12 von ihnen reiten allein auf ihrem Besen dorthin.
8 Besen tragen je 2 Hexen, 4 Besen je 3 Hexen. 6 Luxusbesen transportieren sogar 5 Hexen auf einmal.
Wie viele Hexen treffen sich zum Hexentanz?

Bauer Frank will seine Wiese neu einzäunen.
Dabei stellt er fest, dass das Grundstück 190 m lang und 110 m breit ist.
Für das Tor muss er 3 m Platz lassen.
Wie viele Meter Zaun muss Herr Frank im Baumarkt einkaufen?

Ein Kaffeeservice besteht aus Kaffeekanne (48,50 €), Milchkännchen (18 €), Zuckerdose (19,65 €), 6 Tassen mit Untertassen zu je 11 € und 6 Kuchenteller (je 7,50 €).
Das Brautpaar Selig wünscht sich zur Hochzeit dieses Service, braucht allerdings 10 Tassen und Untertassen.

Marco möchte 40 leere Jogurtgläser in Kästen einordnen.
In einen Kasten passen 6 Gläser.
Seine kleine Schwester ordnet 37 Gläser in Sechserkästen ein.
Wie viele Kästen brauchen die beiden?

3 Zeichne Skizzen und löse die Aufgaben. Schreibe die Ausrechnung in dein Heft.

4 Mache mit anderen Kindern eine Rechenkonferenz.

a)

Wer ist am größten?
Susanne ist 1,45 cm groß.
Max ist 12 cm größer als Susanne.
Susanne ist 8 cm kleiner als Beate und 4 cm größer als Tim.
Leon ist 5 cm größer als Beate.

b)

Uli springt 3 m 20 cm weit.
Das waren genau 30 cm weiter als Peter.
Margo springt 2 m 80 cm, Sabine 40 cm weiter.
Franz springt so weit, dass ihm noch 25 cm bis zur 4 m-Marke fehlen.
Erika springt 9 cm weniger als Franz.

c)

Sebi und Kerstin machen eine Fahrradtour zur Burg Kocherstein.
Um 8 Uhr radeln sie los.
Nach einer Stunde rasten sie.
45 Minuten später fahren sie weiter. Um 10.45 Uhr sind sie auf der Burg.
Wie lange haben sie für die Strecke nach der Pause gebraucht?

1 Lies dir den Text deiner Aufgabe durch, und überlege dir einen Lösungsweg.
Schreibe die Lösung auf die nächste Seite.

✶

Herr Blum kauft sich Laufschuhe zu 110 €. Zum Glück hat er noch ein Paar blaue bekommen. Außerdem sucht er sich zwei Jogginghosen zu je 25 € aus.
Für seinen Sohn nimmt er noch einen Basketball mit. Er bezahlt insgesamt 178 €.
Was hat er für den Basketball ausgegeben?

♥

Für ein Konzert in der Stadthalle wurden 985 Stühle aufgestellt. Auf der rechten Seite sitzen 470 Personen. Auf der linken Seite können nur 45 Personen weniger sitzen. Die restlichen Zuhörer müssen auf der Tribüne Platz nehmen.
Wie viel Personen haben auf der Tribüne Platz?

◇

Eine Schule hat 1265 Schülerinnen und Schüler im Alter von 6 bis 14 Jahren. 825 Kinder müssen mit dem Schulbus kommen. Weitere 120 Kinder werden mit dem Auto gebracht. Die anderen Schülerinnen und Schüler gehen jeden Tag zu Fuß. Wie viele Kinder brauchen kein Fahrzeug, um in die Schule zu kommen?

✈

Fahrrad-Kindtner bietet 6 Damenräder zu je 215 € und ebenso viele Herrenräder zum Stückpreis von 255 € an. Nach zwei Tagen waren bereits drei Damen- und drei Herrenräder verkauft.

Eine Theatergruppe braucht für ihr neues Theaterstück einen Schminkkasten zu 26,30 €, sechs Pinsel zu je 4 € und fünf Seidentücher zum Stückpreis von 8 €.
Die Eltern spenden 80 €.

Herr Braun legt ein Sparbuch für seine Enkelin an. Er zahlt ein Jahr lang jeden Monat 45 € ein. Dann hebt er 375 € ab, um ihr ein Fahrrad zum Geburtstag zu kaufen.
Wie viel Geld bleibt noch auf dem Sparbuch?

Ein Parkhaus in der Stadt hat drei Stockwerke mit 620 Stellplätzen. Im untersten Stockwerk sind 184 Stellplätze, im mittleren Stockwerk können 376 Fahrzeuge abgestellt werden.

☺

Das Freibad hatte am letzten Sonntag 947 Eintrittskarten verkauft, 389 davon am Vormittag.

Ein Lernplakat

Hier hast du Platz für deine Lösungen.

2 Denke dir eigene Rechengeschichten aus, und schreibe sie für einen Partner auf.

3 Schreibe deine Tipps zum Lösen von Textaufgaben auf das Plakat.

Ein Lernplakat

Überlege dir Fragen. Streiche unnötige Angaben durch. Rechne und kontrolliere die Aufgaben. Schreibe Antworten dazu.

Hier helfen dir deine Lösungstipps vom Plakat auf S. 37 weiter.

Herr Schnell ist seit 9 Jahren Tennislehrer im Verein. Für die neue Spielsaison kauft er Tennisbälle ein: 20 Dosen mit je 3 Bällen und 10 Dosen mit je 6 Bällen. Eine 3er-Dose kostet 9 €, eine 4er-Dose kostet 10 € und eine 6er-Dose kostet 12 €. Herr Schnell hat für die Tennisbälle 240 € eingeplant.

Chorleiterin Jubel macht mit ihrem Chor einen Jahresausflug. Alle Kinder nehmen teil. Linda hat sogar ihre Freundin aus München mitgebracht. Die Lehrerin zählt die Kinder und sagt: „Mit mir zusammen wären wir genug Leute für drei Fußballmannschaften."

Die Klasse 3 b mit 24 Kindern hat pro Woche 7 Stunden Deutsch, 5 Stunden Mathematik, 1 Stunde Musik, 1 Stunde Religion und 2 Stunden Sport. Außerdem gibt es noch 2 Stunden Förderunterricht. Das Jahr hat 40 Schulwochen.

Die Emil-Nolde-Schule hat 8 Klassenzimmer und einen Theatersaal. Im Theatersaal stehen 8 Reihen mit je 25 Stühlen. Bei dem letzten Puppenspiel mussten 14 Personen stehen.

Auf dem Feuerwehrfest geht es hoch her. 423 Personen essen eine leckere Erbsensuppe, 138 Gäste möchten lieber belegte Brötchen. 62 Besucher kommen nur zur Vorführung der neuen Feuerwehrwagen.

Letzte Woche hat Frau Sonnenschein mit den Kindern den Schulgarten umgegraben. Heute kauft sie Pflanzen ein. Sie braucht 9 Tomatenpflanzen zu je 2 €, 10 Salatpflänzchen zu je 20 Cent, 8 Kohlrabipflänzchen zu je 0,30 € und einen Sack Saatkartoffeln zu 3,20 €. Frau Sonnenschein hat nur zwei neue 20 €-Scheine dabei.

1 Sprich mit einem Partner über das Bild.

2 Überlege dir, was du zum Herstellen einer Rechenkartei brauchst. Schreibe deine Gedanken dazu auf die Linien im Ideennetz.

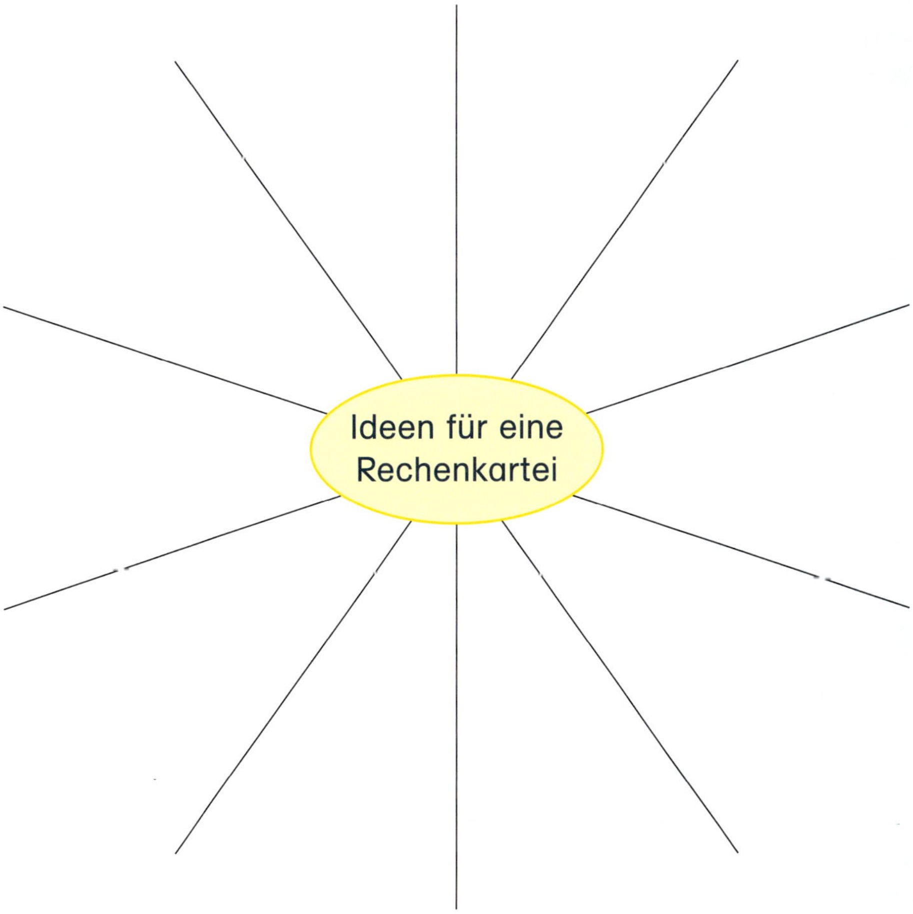

Tipp

Ideen werden in einem Cluster gesammelt.

Eine Kartei mit Rechengeschichten

Es gibt ganz unterschiedliche Rechengeschichten: z. B. leichte, schwere oder witzige. Es gibt Zahlenrätsel, Rechengeschichten mit Euro, Rechengeschichten mit Meter und Zentimeter, Rechengeschichten mit plus und minus, mal und geteilt.

1 Hier findest du einige Aufgaben für die Rechengeschichtenkartei.

Tom hat im April 450 € auf seinem Sparbuch. Im Mai zahlt er 45 € ein. Im August hebt er 235 € ab. Er will sich davon ein neues Fahrrad kaufen. Wie viel bleibt auf dem Sparbuch?

Stefan kauft einen Block für 1,35 €, ein Heft für 0,45 € und einen Schulfüller für 4,55 €. Seine Mutter hat ihm einen 10 €-Schein mitgegeben. Kann er alles bezahlen?

Die Molkerei liefert an die Erich-Kästner-Schule 385 Flaschen Milch, an die Bergschule 130 Flaschen und an die Emil-Nolde-Schule 160 Flaschen. Wie viel Flaschen Milch muss der Milchwagen transportieren?

Bäckerei Semmel verkauft am Vormittag 180 Brötchen. Am Nachmittag werden noch einmal 135 Stück verkauft. Wie viele Brötchen hat die Bäckerei an diesem Tag verkauft?

Am Dienstag Vormittag verkauft der Eismann Mario 190 Portionen Eis. Am Nachmittag sind es doppelt so viele. Am Mittwoch verkauft Mario 30 Portionen weniger. Wie viel Portionen hat er an den zwei Tagen verkauft?

Zu Mittag ist der Parkplatz am Schloss mit 680 Autos voll. Sie stehen alle ordentlich nebeneinander. Abends um 22 Uhr stehen gerade noch 14 Autos herum. Wie viele Autos haben den Parkplatz verlassen?

An einem heißen Sommertag verkauft Herr Schweiß an seinem Kiosk 155 Flaschen Sprudel. Am Morgen hatte er noch einen Vorrat von 13 Kästen mit je 12 Flaschen. Herr Schweiß hat auch Durst. Ist für ihn noch eine Flasche übrig?

Der Film „Die Rübe und der Zwerg" läuft im Kino. In die erste Vorstellung gehen 304 Personen, in die zweite 390 und in die dritte 230 Personen. Wie viele Personen haben den Film an diesem Tag gesehen?

2 Überlege:
- Woher bekommst du weitere Aufgaben für die Rechengeschichtenkartei?
- Wie ordnest du die Rechengeschichten den verschiedenen Bereichen zu?
- Woran erkennst du, welche Rechengeschichten du bereits gelöst hast?